はではで カエル

けったいな生きもの

クリス・アーリー ／ 北村雄一 訳

化学同人

写真クレジット

page 6 © Fablok / Shutterstock; page 7 © Hintau Aliaksei / Shutterstock; page 8 © MYN / Joris van Alphen / naturepl.com; page 9 © Eric Isselee / Shutterstock; page 10 © Aleksey Stemmer / Shutterstock; page 11 © tea maeklong / Shutterstock; page 12, カバー © Eric Isselee / Shutterstock; page 13 © Panachai Cherdchucheep / Shutterstock; page 14–15 © Chris Mattison / naturepl.com; page 16 © Dr. Morley Read / Shutterstock; page 17 © Eric Isselee / Shutterstock; page 18 © Dirk Ercken / Shutterstock; page19 © fivespots / Shutterstock; page 20 © Sandesh Kadur / naturepl.com; page 21 © MYN / Seth Patterson / naturepl.com; page 22 © fivespots / Shutterstock; page 23 © Cathy Keifer / Shutterstock; page 24 © J. Blanco / Shutterstock; page 25 © Tom Payne / Shutterstock; page 26 © raulbaenacasado / Shutterstock; page 27 © Visuals Unlimited / naturepl.com; page 28 © Visuals Unlimited / naturepl.com; page 29 © EcoPrint / Shutterstock; page 30–31 © Dirk Ercken / Shutterstock; page 32 © Bert Willaert / naturepl.com; page 33 © IrinaK / Shutterstock; page 34 © Kim Taylor / Shutterstock; page 35 © Pan Xunbin / Shutterstock; page 36 © Visuals Unlimited / naturepl.com; page 37 © Aleksey Stemmer / Shutterstock; page 38 © Dr. Morley Read / Shutterstock; page 39 © Visuals Unlimited / naturepl.com; page 40, カバー裏 © fivespots / Shutterstock; page 41 © Stanley Breeden / DRK; page 42–43 © MYN / Joris van Alphen / naturepl.com; page 44 © Bert Willaert / naturepl.com; page 45 © Dr. Morley Read / Shutterstock; page 46 © EricIsselee / Shutterstock; page 47 © ARCO / naturepl.com; page 48 © Visuals Unlimited / naturepl.com; page 49 © Kim Taylor / naturepl.com; page 50 © Ryan M. Bolton / Shutterstock; page 51 © Matteo photos / Shutterstock; page 52 © Dirk Ercken / Shutterstock; page 53 © Stephen Dalton / naturepl.com; page 54–55 © Arto Hakola / Shutterstock; page 56 © reptiles4all / Shutterstock; page 57 © reptiles4all / Shutterstock; page 58 © Vitalii Hulai / Shutterstock; page 59 © Pete Oxford / naturepl.com; page 60 © MYN / Brady Beck / naturepl.com; page 61 © Chris Mattison / naturepl.com; page 62 © Nick Garbutt / naturepl.com; page 63 © Ryan M. Bolton / Shutterstock; page 64 © Claudio Contreras / naturepl.com; page 65 © Chris Mattison / naturepl.com.

もくじ写真は © pirtuss / Shutterstock.

WEIRD FROGS
by Chris Earley
Copyright © 2014 Firefly Books Ltd.

Published by arrangement with Firefly Books Ltd., Richmond Hill, Ontario Canada
through Tuttle-Mori Agency, Inc., Tokyo

はじめに

　子どもはカエルが好きですが、私は今でもそう。カエルをつかまえたり、ながめたりする毎日です。カエルにはおどろくほどいろいろなものがいます。ヒキガエルはネバついておらずかわいていて、ウシガエルはでっかくて、アマガエルは指先が大きな吸盤になっています。私は6才のときに見たヒキガエルを忘れられません。そのヒキガエルはぱっと毛虫をつかまえ、食べてしまったのです。同じように忘れられないのは、レストランに行った8才のときのことです。料理のメニューにカエルの足がありました。これはバッファローウイングみたいなものなんだろうと思いました。バッファローウイングは「野牛の手羽先」という意味ですが、実際にはニワトリの手羽先料理です。同じように、カエルの足といっても実際はちがうだろうと思って注文したのですが、テーブルに来たものは、まぎれもないカエルの足だったのです。ぎょっとして食べられませんでした。家族には「カエルはぼくの友だちだから」といっておきました……

　カエルには6000の種類がいます。毎年、新種が見つかってさらに数が増えています。しかし、カエルは今、とにかく味方を必要としています。ここ2、30年で多くのカエルが急に数を減らしてしまいました。死に絶えてしまったものもいます。すめる場所がなくなったこと、ペットとしてつかまえられたこと、環境が汚染されたこと、気候が変化したこと、よそから生物がもちこまれたこと、これらすべてが、多くのカエルを減らす原因となっています。カエルツボカビというカビもそのひとつ。このカビは全世界に広がり、絶めつしてしまったカエルもいます。残されたカエルたちをどう助ければよいのか、その研究は進行中です。世界には生存をおびやかされているものの、まだ助けられるカエルたちがいるのです。

　自分の身の回りにある自然をもっとよく知ること。そしてその複雑さを理解して、私たちがどんな影響をあたえるのか、それを理解すること。これはすばらしいことです。自然を知ろうとするとき、カエル研究はその近道になるでしょう。カエル研究よりよい方法はないのではと思うくらいです。カエルはとてもヘンテコです。飛びはねるもの、木に登るもの、穴をほるもの、飛ぶものさえいます。あるものは毒をもち、あるものはカモフラージュの名人です。そして多くのカエルは鳴くのがとても上手です。でっかい口と飛び出た目がとても印象的です。カエルは地球のだれもが知っている動物なのです。

　ここまで読んでおわかりかと思いますが、私は、カエルと遊ぶ子ども時代から抜け出していません。この本を読むことで、あなたもカエルと遊ぶ子ども心をもち続けてくれることを願います。

もくじ

ワライガエル　6

ミドリヒキガエル　7

アジアツノガエル　8

スズガエル　9

アフリカウシガエル　10

アジアジムグリガエル　11

フタイロネコメアマガエル　12

アマガエルのなかま　13

ソバージュネコメアマガエル　14

ベニモンヤドクガエル　16

ソメワケヤドクガエル　17

イチゴヤドクガエル　18

キイロヤドクガエル　19

トビガエルのなかま　20

メキシコジムグリガエル　21

ツノガエルのなかま　22

チャコバゼットガエル　24

地中海のヨーロッパアマガエル　25

ナタージャックヒキガエル　26

ジョルダンカブトアマガエルのなかま　27

ソロモンツノガエル　28

アルゴスクサガエル　29

アカメアマガエル　30

ダーウィンハナガエル　32

ハイイロアマガエル　33

フクラガエルのなかま　34

ハナヒメアマガエル　35

インドネシアキガエル　36

ジョルダンカブトアマガエルのなかま　37

ガラスガエルのなかま　38

アカカッシナガエル　40

カトリックガエル　41

コグチガエルのなかま　42

リオネグロガエルのなかま　44

ケンランフリンジアマガエル　45

コケガエル　46

トマトガエル　47

イエアメガエル　48

ニシバンジョーヌマチガエル　49

サラヤクガエル　50

イタリアのヨーロッパアマガエル　51

シロメアマガエル　52

ウォレストビガエル　53

マダガスカルモリガエルのなかま　54

マダガスカルモリガエルのなかま　56

アカユビマダガスカルモリガエル　57

ニンニクガエル　58

タピチャラカのアマガエル　59

アンダーソンアマガエル　60

セネガルガエルのなかま　61

マダガスカルクサガエル　62

マダガスカルクサガエルのなかま　63

カドバリカブトアマガエル　64

ベニモンマダガスカルモリガエル　65

ワライガエル

Pelophylax ridibundus (Rana ridibunda)

キュケヘヘへっ、おいらの大きさは 12〜17 センチ。ヨーロッパなどにすんでるぜ。**日本のトノサマガエルくんと似てるけど、鳴き声はぜんぜんちがう**。キュケヘヘへっ。カエルみたいにぴょんぴょんはねる動物で思い出すのは、カンガルー、ウサギ、バッタ……。かれらは植物を食べるけど、**おいらたちは肉食だぜ**。ポコンとつき出た目で、えものや敵を見回すぞ。キュケヘヘへっ！

ミドリヒキガエル
Bufo viridis

コロ〜、ボクはミドリヒキガエル。4〜12センチの大きさ。**きれいな声で鳴くし、とてもかわいいっていわれるコロ〜**。明かりに集まってくるガや虫を食べるのが好きコロ〜。ヨーロッパでは、夜、玄関の明かりや街灯の下でボクに会えるよ。ちなみに英語の「フロッグ」は、湿ったすべすべお肌のカエルをさす言葉。ボクたちイボイボお肌のヒキガエルは、「トード」というコロ〜。

アジアツノガエル
Megophrys nasuta

あたしはアジアツノガエル。大きさは 12 センチぐらい。ぱっと見ると、**まゆがとんがっていて、ちょっとおっかなく見えるかもね**。でも実際には正反対よ。木の葉のようにじっと動かないカエルなの。だからコノハガエルともいわれてる。とんがりまゆと顔のふちどり、そして枯れ草色の背中のおかげで、**木の葉そっくりでしょ**。そうやって敵から見つからないようにしているのよ。

スズガエル
Bombina orientalis

カエルには、派手な色で毒があることを相手に知らせるカエルがいるファ。おいらたちも、そうした毒ガエルだ。ファッファッファファファファ。大きさは8センチぐらい。**敵が近づくと、体をそらせて赤いお腹で追っぱらうファ**。おいらたちの毒は皮ふにあるから、食べたら口の中がファイヤー！　もし口に入れちゃう敵がいても、これは食べちゃだめだとすぐに覚えるファ。

アフリカウシガエル
Pyxicephalus adspersus

おれたちはアフリカのかわいた場所にいて、いつもは穴の中で過ごしてるモー。じっと雨を待ってるんだモー。雨が降って水たまりができると穴から出ていって、結婚、子育てだモー。メスは 3000 〜 4000 個の卵をうみ、おれたちオスは卵とオタマジャクシを守るんだモー。**敵が来るとおれは体をふくらませてジャンプして追いはらうモー**。おれたちのなかには 24 センチもあるやつもいるモー。

アジアジムグリガエル
Kaloula pulchra

見てのとおり体がまん丸だから、英語で「丸ぽちゃガエル」と呼ばれるぽちゃ。大きさは7センチぐらい。東南アジアの熱帯にいるぽちゃ。南のほうの小さな町なら、雨の季節によく会えるぽちゃ。**びっくりすると、まん丸な体をもっともっとふくらませるぽちゃ**。相手に「こいつはちょっと手ごわそうだ！」と思わせるぽちゃ。ムア〜。

フタイロネコメアマガエル
Phyllomedusa bicolor

大きさ10センチぐらいの**あたしのお腹や手足の横に、白いもようがあるにゃ**。ジャンプして逃げるとき、この白はとてもめだつから、あたしを追いかける敵もこの白に夢中だにゃ。ところが、あたしがピョンとはねて、パッと止まったら、この白は消えちゃうにゃ。**カエルはじっとするとき、足を折り曲げるから白がかくれるのにゃ**。敵には、あたしがとつぜん消えたように見えるにゃ。

アマガエルのなかま
Family Hylidae

ぼくのなかま、アマガエル一族の話をするぜ。たいていのアマガエルは**指先がまん丸の吸盤になってるぜ**。人間が使う吸盤とはちょっとちがう。顕微鏡で見ると、この吸盤には小さな柱がずらりと並んでるんだぜ。まるでハチの巣の六角形みたいにね。これを使ってぼくたちは、ざらざらの木の幹につかまるのさ。すべすべガラスにつかまるときは、ネバネバを出して、張りつくぜ。

ソバージュネコメアマガエル
Phyllomedusa sauvagii

わがはいの大きさは7センチだワワワッ。アマガエルはふつう、雨の多い湿った森で暮らすのだワワワッ。でもわがはいは、南アメリカの暑くてかわいた場所にいるのだワワワッ。その秘密を教えてやるワワワッ。わがはいは、**皮ふからワックス油を出し、それを体にぬるのだワワワッ**。だから皮ふがかわかんのだワワワッ。ほかのカエルなら干からびちゃう場所でも生きていけるのだワワワッ。

15

ベニモンヤドクガエル

Oophaga sylvatica (Dendrobates histrionicus)

あたしの大きさは4センチほど。地面にうんだ卵からかえったオタマジャクシを背中に乗せて木に登るベニ。木の上にブロメリアっていう草があって、その葉っぱの付け根に水がたまってるベニ。そこにオタマジャクシを放すベニね。あたしは毎日、その水の中に無精卵をうむベニ。**オタマジャクシはその卵を食べるベニよ。**学名「オオファーガ」は「卵を食べる」って意味ベニね。

ソメワケヤドクガエル
Dendrobates tinctorius

「こんなにめだつ青色で大丈夫？」と思ったかしら。わたしたちは昼間に活動するから、すぐに敵に見つかっちゃう。でもご安心。**このあざやかな青は、毒があることを示す色なのね**。敵も「あっ、この派手な色は毒のあるカエルだ！」と知ってるわけ。**人間はわたしたちの毒を毒矢に使う**から、「ヤドクガエル」って呼ぶわよ。大きさは、大人で3.5〜5センチくらいかな。

17

イチゴヤドクガエル
Dendrobates pumilio

おいらの大きさは２センチぐらい。名前のとおり、イチゴ色だぜ。でも、黄色いやつや青いやつもいるんだぜ。ちがう色が組み合わさることもあるな。たとえば、**おいらは体が赤で、足が黄色だ。**体の点の色がちがうやつもいる。でも、どの色も意味はいっしょだぜ。「おいらには毒があるから手を出すな！ 出したらタダではすまないぞ！」。そう敵に伝えているのさ。

キイロヤドクガエル
Phyllobates terribilis

ぼくは 4.5 センチの小さなカエル。でも、毒は世界でトップクラス。**ぼくひとりの毒で、マウスなら 2 万びき、人間でも 7 人死んじゃうの**。キャキャキャキャ。南アメリカの人は、矢の先をぼくの背中にこすりつけて毒矢を作ったの。つつに毒矢を入れ、息をプッとふき込んで発射。ふき矢が当たったえものはすぐにぱったりよ。キャキャキャキャ。ぼくは黄色だけど明るい緑の友だちもいるの。

トビガエルのなかま

Rhacophorus bipunctatus

見てトビよ、おいらの前足。水かきが大きいトビ？　じつは、後ろ足にも大きな水かきがついてるトビ。おいらたちは木の上にすんでるトビ。そんなところでジャンプしたら落っこちると思うトビか？　ところが、**この水かきを広げると飛行機と同じように、おいらは空を飛べるトビ**。おいらたちは4〜6センチぐらいで、なかまのうちでは小さいトビ。

メキシコジムグリガエル
Rhinophrynus dorsalis

ウオーンウオーン。へんな姿だって？ これは**穴をほって地下で暮らすことに向いた形なんだウオーン**。大きさは 7.5 〜 9 センチぐらいだウオーン。おれ様が地面の上に出てくるのは、結婚して子どもをつくるときだウオーン。嵐がきて水があふれたら顔を出すウオーン。それ以外はずーっと地下で生活だウオーン。ごはんも地下で食べていて、アリやシロアリが好きだウオーン。

21

ツノガエルのなかま
Ceratophrys sp.

わたくしたちツノガエルには、いろんな種類がいるざます。大きなものは20センチになるざます。目の上に角があるざましょ？　ここから名前がついたざます。わたくしたちは森の地面にすんでいるざます。**角は落ち葉に見せかけるのに役立つざます。**それに大きな口ざましょ？　別名「パックマンガエル」。**口に入れば、トカゲやほかのカエル、小さなネズミまでのみこむざますよ。**

23

チャコバゼットガエル
Lepidobatrachus laevis

ぼくは大きいと 10 センチぐらいかな。でも、何よりめだつのはこのでっかい口だね。ぼく、**口に入るえものなら何でも食べちゃうよ**。この口にはほかにも使い道があるんだ。何かにおどろかされると、体をふくらませて、大口を開けてビギャアアアアアアアアとさけぶんだ。敵もびっくりさ。それにほら、**下あごに歯のようなものが 2 本あるだろ？** 最後はこれでかみついちゃうぞ！

地中海のヨーロッパアマガエル
Hyla meridionalis

おいらの大きさは6センチぐらいだゲコッ。日本のアマガエルくんより大きいゲコッ。おいらはふつう緑色だゲコッ。でも、本当にときどきだけど、**明るい青色になる子もいるんだゲコッ**。なんでそうなるのか、はっきりしたことはわからないゲコッ。でも理由はどうあれ、青いカエルはとってもめだつゲコッ。

ナタージャックヒキガエル
Epidalea calamita

ナタージャックは「おしゃべりジャック」という意味らしいけど、なんでこの名前がついたのかしら？　あたしは砂地が好きで、海の砂浜にもすんでいるわ。**ヒキガエルは足が短いけど、あたしはもっと短い。だから、はねたりせずに、すたすた歩くのよ。**あたし、穴をほって生活してるの。ほかのヒキガエルは後ろ足で穴をほるけど、あたしは前足でほるわ。8センチもある友だちもいるわよ。

ジョルダンカブトアマガエルのなかま

Trachycephalus resinifictrix

カブトっていう名のとおり、**こう見えて頭が固いみゃ**。大きさは9センチ。ドクアマガエルって呼ぶ人もいるみゃ。おいらは、**皮ふから白いミルクのようなものを出すみゃ**。もちろんこれはミルクじゃないみゃ。ベタベタしているし、おまけに毒だみゃ。目に入ると痛いみゃあ～。おいらたちはこの毒で身を守るみゃ。おいらは若くて青っぽいけど、大きくなると白と茶になるみゃ。

ソロモンツノガエル
Ceratobatrachus guentheri

わたしがいるのはパプアニューギニアのソロモン諸島。大きいと9センチぐらいになるわ。英語では「木の葉のようなカエル」というけど、名前のとおり、木の葉みたいにとがった形をしてるでしょ。**目の上にとんがりがあって、鼻もとんがってます**。背中にはすじがあって、葉っぱに走るすじみたい。ふつうはまだらの茶色だけど、わたしみたいに黄色いのもいるわよ。

アルゴスクサガエル
Hyperolius argus

カエルはふつう、オス、メスが同じ色、姿だけど、わたしたちアルゴスクサガエルはちがうわ。わたしは女の子。**黒い線にかこまれたクリーム色のもようがあるでしょ？** 男の子はもようがないし、体の色は緑色。オスとメスがちがうカエルはめずらしいわ。わたしの大きさは３センチ。いまはアシの葉の上で休んでいるところ。名前の「アルゴス」は百目の怪物のことよ。斑点もようを目に見立てたみたいね。

アカメアマガエル
Agalychnis callidryas

ぼくらアカメアマガエルは**世界でいちばん有名なカエル**だゲコ。ジャングルを代表する生き物として、たいてい紹介されるゲコ。大きさは6〜8センチぐらいゲコ。ぼくらのお母さんは、水の上につき出た木の枝に卵をうみつけるゲコ。生まれたオタマジャクシは、木の枝から下にある水たまりに落ちて、生活を始めるゲコよ。

ダーウィンハナガエル
Rhinoderma darwinii

おいらは**とがったお鼻がじまんで、**大きさは 2〜3 センチ。変わってるのは子育てさ。メスは地面に卵をうみつける。卵の中で赤ちゃんが動き始めると、おいらたちオスは卵をのみこんで、鳴嚢の中で育てる。鳴嚢ってのはカエルが鳴くときにふくらませるふくろのことだな。赤ちゃんはそのまま子ガエルになる。おいらが口を開けると、子どもがピョンピョン出てくるのさ。びっくりだろ？

ハイイロアマガエル

Hyla versicolor

あたい、ほかのアマガエルさんたちと同じに見える？ あたいは色を変える名人よ。明るい葉っぱ色、まだらな岩もよう、茶色にもなれるわ。大きくなると6センチになるわよ。えっ？そんなのふつうですって？ じゃあね、あたいらは、いちばん北にすむアマガエルよ。カナダにもいるわ。寒さに強いから雪の下でこおっても死なないし、そのまま何ヶ月も冬みんできるのよ。どう？

フクラガエルのなかま

Breviceps sp.

わたしの大きさは6センチぐらい。**穴をほってその中にすんでます**。雨が降ると穴から出てきて結婚相手を見つけるの。そして夫婦でいっしょに穴へもぐるわ。わたしたちメスは、穴の中で卵をうむの。赤ちゃんは卵の中で子ガエルにまで成長するのよ。そして卵から出てきた赤ちゃんガエルは、自分で穴をほって外へ出ていくわ。南アフリカにはわたしの親せきが何種類もいるわよ。

ハナヒメアマガエル
Microhyla pulchra

あたしのもようを見て！ **まるで石みたいでしょ**。大きさは5センチくらいよ。「つやつや小石みたいなコンテスト」があったら優勝まちがいなしね。英語でも「きれいでちいちゃなカエル」って呼ばれてるわ。「口がせまいカエル」とも呼ばれたりするわ。ちょっとおちょぼ口だからね。

インドネシアキガエル
Nyctixalus pictus

フィッフィッピリリリ〜。ボクは大きさ３センチだリリ。**香辛料のシナモンみたいな色だから、英語では「シナモンフロッグ」っていう**リリ。ボクらのお母さんは卵を池にうまず、木にできた穴やくぼみにたまった水にうむリリ。オタマジャクシもそこで大きくなるリリ。水たまりには、オタマジャクシを食べる魚がいないリリ。でもせまいから、２、３びきしかすめないリリ〜。

ジョルダンカブトアマガエルのなかま

Trachycephalus nigromaculatus

ベッベッ。おれっちの大きさは 10 センチ。けっこう大きいべ。結婚(けっこん)の話をするべ。水たまりにはいろんなカエルがやってきて、結婚して、卵をうむべ。そのやり方は、カエルによってちがうんだべ。たとえば、種類によって鳴く時期がちがうべ。ほかのカエルのオスは、雨の季節、毎日毎晩、鳴いてメスを呼ぶべ。でも、**おれっちが鳴くのは、最初のはげしい雨がふった後だけなんだべ。**

ガラスガエルのなかま

左：*Hyalinobatrachium iaspidiense*　右：*Centrolenella ilex*

ガラスガエルのなかまは150種もいるスケ。でも、日本の名前はないスケ。大きさは2～3センチだスケ。名前のとおり、**ガラスみたいにお腹の中が見えてるスケ**。**血管も骨も内臓もスケスケ**。スケてるのは理由があるスケ。スケスケの体なら、体に下にある葉っぱの色やもようがスケて見えるスケ。おいらがいることが、敵にわかりにくくなるスケよ。

アカカッシナガエル
Kassina maculata

オレはモモアカヒキガエルとも呼ばれる。足のももが赤いだろ？　大きさは5〜7センチだな。英語では「赤い足で走るカエル」っていうけど、そのとおり。**ピョンピョンはねるかわりに走るんだ**。馬が空を飛ぶように高速で走る「ギャロップ」という走り方もできるんだぜ。オレたちは、ケニアから南アフリカまで、アフリカ東部にいるぞ。

カトリックガエル

Notaden bennettii

ホーホー。おらは背中の十字架(か)もようが目印だホー。大きさは5センチ。水がないときは地下にもぐって体をまゆでつつんでるホー。外に出るのは雨が降ったときだホー。カエルは結婚(けっこん)のとき、オスがメスにつかまるホー。でも、おらは足が短いので無理だホー。だから接着剤(ざい)のようなネバネバを出してメスにくっつくホー。肉ばなれっていう人間のケガを、おらの接着剤で治す研究もあるホー。

コグチガエルのなかま
Kalophrynus sp.

ぼくの大きさは 3〜4 センチ。敵におそわれるとベタベタを出す。ぼくらのお母さんはなんと、**食虫植物のウツボカズラに卵をうむんだ**。ウツボカズラは、葉っぱがコップみたいな形で、中に水がたまってる。そこに落ちた生き物は消化されちゃうんだ。ところがぼくらはへっちゃら。オタマジャクシも平気で泳いでる。なぜ消化されないかはナゾなんだけどね。

43

リオネグロガエルのなかま
Batrachyla antartandica

きれいでしょ？　あたしらは、大きいと5センチぐらいになるかな。日本の名前はないわね。英語では「大理石もようの木の上のカエル」っていうよ。おしゃれなあたしにぴったりね。**あたしたちは卵を、たおれた木の下や、コケの中にうみつけます**。生まれたオタマジャクシはそこからはい出て、流れる小川で暮らすようになるの。チリやアルゼンチンにいるわよ。

ケンランフリンジアマガエル
Cruziohyla craspedopus (Agalychnis craspedopus)

フォッフォッ。フリンジってのは服のふさかざりのことだフォ。**足を見てみな。板のようなものが張り出してるフォ？** これがフリンジだフォ。写真ではわかりづらいけど、くちびるにもフリンジがあるフォ。大きな指と、指先の大きな吸盤。あざやかに黄色いお腹と、斑点がちりばめられた青い背中。おれは世界でいちばんゴージャスなカエルだフォ。大きさは 6 ～ 7.5 センチだフォ。

コケガエル
Theloderma corticale

この本にはドクガエルさんがいっぱい登場したけど、みんな派手だわあ。あたしは、ドクガエルさんと正反対。大きくなると9センチになるけど、地味なのよねえ。でも、この地味な色で敵の目をあざむくの。**まだらもようの緑色で、まるでコケみたい。目にまでもようが入ってるでしょ**。それに全身ぼこぼこで、形までコケそっくり。敵はコケとまちがえてしまうわ。

トマトガエル
Dyscophus antongilii

なんで名前にトマトがつくかって？　見ればわかるゲコな。おいらはトマト色。この派手な色は敵に対して「おいらはまずいぞ！」と伝えるものゲコよ。それでも敵がかみつこうとしたら、ネバネバを出すゲコー！　**このネバネバは毒。しかも接着剤のように敵の口をくっつけてしまうゲコ**。そのすきにおいらはズラかるゲコよ。大きさは6〜10センチぐらいゲコ。

イエアメガエル

Litoria caerulea

フェッ、フェッ、フェッ。わがはいの大きさは 7 〜 11 センチで、太っちょだフェ。オーストラリアにおるが、家のすぐ近くで見られるフェ。ときには家の中に入りこむのだフェ。わがはいは湿った場所が好きだから、台所や、トイレで見つかったりするのだフェ。**見てのとおり体がたるんでおるじゃろ？** だから「ずんぐりガエル」ともよばれるフェ。

ニシバンジョーヌマチガエル
Limnodynastes dorsalis

やあ、ぼくの大きさは3〜7センチで、オーストラリア西部にすんでるビョン。結婚の季節、カエルは大きな声で鳴き、声は種類によってちがうビョン。さえずるように歌ったり、ガーガー、チーチー、ガブガブ、ケロケロ……。ぼくはバンジョーのように鳴くビョン。バンジョーとはギターみたいな楽器。**バンジョーを「ビョン、ビョン」と一音一音かき鳴らすように歌うビョン。**

サラヤクガエル
Dendropsophus sarayacuensis (Hyla sarayacuensis)

きれいな姿でしょ？ 大きさはだいたい3センチってところね。サラヤクってのは、南アメリカのエクアドルって国の地方の呼び名よ。あたしたちそこにすんでいるの。でもエクアドルだけじゃないわ。ボリビア、ブラジル、ペルー、さらにはコロンビアにもすんでいるわよ。ちなみにあたしたちサラヤクガエルは親せきが多いのね。100種類ぐらいいるわ。

イタリアのヨーロッパアマガエル
Hyla intermedia

ゲコッ。おいらの大きさ 3 ～ 5 センチだゲコ。おいらたちにはズルするやつがいるゲコ！　水たまりでおいらが鳴くゲコ。すると近くに別のオスがやってきて、座るゲコ。体が小さいオスだゲコ。こいつがズルをするゲコ。おいらが鳴いているとメスがやってくるゲコ？　**ズルなオスは、自分は鳴いてもいないのに、そのメスを横取りして自分のお嫁さんにしてしまうゲコ！**

シロメアマガエル

Hylomantis lemur (Phyllomedusa lemur)

あたしは5センチくらい。**ひとみはタテ長、ちょっとネコに似てるね。**こういうタテ長のひとみは、ヨコに動くものに敏感らしいわ。反対にヨコ長のひとみのカエルさんもいるのよ。そっちはあたしと反対。タテに動くものに敏感みたい。カエルによって食べる生き物がちがうし、生き物はそれぞれ動きがちがう。ひとみの形がちがうのは、えものがちがうからかもね。まだよくわかっていないんだけど。

ウォレストビガエル
Rhacophorus nigropalmatus

ビューン。おれの大きさは 10 センチ。トビガエル（飛びガエル）のなかまだビューン。でも、鳥みたいに羽ばたくわけじゃないビューン。紙飛行機のように飛ぶんだビューン。おれたちは高い木の上にすんでるビューン。**高い木の枝からジャンプすれば、70 メートルも飛べるんだビューン**。敵からすばやくにげるよい方法だろ？　じゃあ、ばいばいビューン。

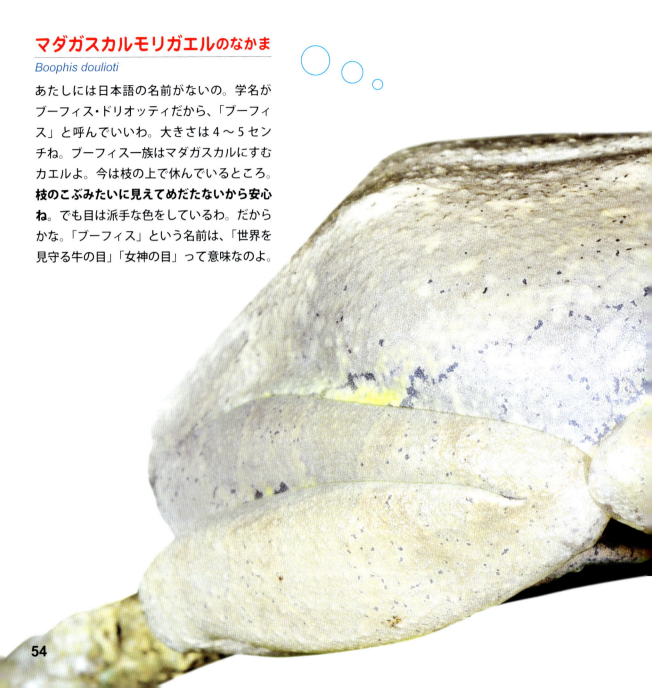

マダガスカルモリガエルのなかま
Boophis doulioti

あたしには日本語の名前がないの。学名がブーフィス・ドリオッティだから、「ブーフィス」と呼んでいいわ。大きさは4〜5センチね。ブーフィス一族はマダガスカルにすむカエルよ。今は枝の上で休んでいるところ。**枝のこぶみたいに見えてめだたないから安心ね**。でも目は派手な色をしているわ。だからかな。「ブーフィス」という名前は、「世界を見守る牛の目」「女神の目」って意味なのよ。

マダガスカルモリガエルのなかま
Boophis picturatus

おいらもブーフィス。大きさは 2.7 センチ。前のページに登場したカエルさんのなかまだ。ブーフィスもマダガスカルモリガエルも名字なんだよな。同じ名字をもってるカエルは 70 種類もいるんだぜ。おいらたちの名前は「ピクツラツス」だけど、学名だから覚えにくいかな。まっ、**派手な色の目は覚えておいてくれよ**。この派手な目を見せれば敵もびっくり逃げ出すぜ。

アカユビマダガスカルモリガエル
Boophis erythrodactylus

あたしもブーフィス。あたしには日本語の名前があるわ！　**名前のとおり指が赤いでしょ。マニキュアしてるみたいね**。大きさは2〜3センチ。雨の多い森の、木の上にすんでいるの。ブーフィスのなかには草原の地面で暮らすものもいるわ。そういうブーフィスさんはあたしとちがって指の吸盤が大きくないわよ。

ニンニクガエル
Pelobates fuscus

おれっちは**ニンニクみたいなにおいを出す**からこの名がついたニン。大きさは8センチ。英語だと「スペード足のヒキガエル」っていうニン。スペードは畑をたがやす道具で、日本語だと「鋤(すき)」っていうニン。おれっちは後ろ足をたがいちがいに動かして、鋤のように土をほってもぐるニン。地面の外に出てくるのははげしい雨が降る、結婚(けっこん)の季節だけニンニン。

タピチャラカのアマガエル
Hyla tapichalaca

わたしは2003年、エクアドルのタピチャラカで発見されたばかりさ。大きさは6センチぐらいさ。**白い指先がめだつだろ？** 科学者につかまえられたとき、わたしはくさくてベタベタした白い液体を出した。科学者は、これは敵から身を守るためのものだと考えたんだ。指先、ひじ、かかとも白い。お腹にもめだつ白いもようがある。これは敵に「私はくさいぞ、まずいぞ」と警告する色だよ。

59

アンダーソンアマガエル
Hyla andersonii

あたいは大きくなると 5 センチになるわ。アメリカ合衆国東部にある松林だけにすんでます。ここの松林にある池や沼の水はかなり強い酸性なのよ。酸性とは、すっぱさのことね。ふつうの水にも少しだけすっぱさは含まれてるけど、松林の池はすっぱすぎてふつうのカエルはすめません。**でもあたいはすっぱい池にすむことができるのよ。**オタマジャクシも元気だわ。

セネガルガエルのなかま

Kassina cochranae

あたしは**身を守るために皮ふから化学物質を出します**。これ、いやなにおいと味がするのよね。こうして敵から身を守るってわけ。ところが、それでもあたしたちを食べる連中がいて困っちゃう。サギって鳥さんや、ヘビさんのなかにもあたしたちを食べるものがいるわ。そうそう、あたしたちは大きさ4センチぐらいね。

マダガスカルクサガエル
Heterixalus madagascariensis

ぼくはマダガスカルにすんでる。大きさは4センチぐらいかな。**成長が速くて、卵から生まれて6ヶ月後には大人になって、結婚けっこんしたり、卵をうんだりできるんだ**。だからぼくらがいる場所へいくと、一年中ケロケロと結婚の鳴き声が聞こえるよ。ぼくらは同じ種類でもカエルによって色がずいぶんちがうんだ。青いのも黄色いのもいるし、ぼくのように白いのもいるよ。

マダガスカルクサガエルのなかま
Heterixalus tricolor

おいらは左ページのマダガスカルクサガエルの親せき。「**トリコロール（3色）種」といわれるよ**。大きさは3センチぐらい。タコノキという植物によくいるよ。タコノキは大きな葉っぱがくきを取り巻くようにたくさん生えていて、葉っぱの付け根に水がたまるんだ。ここに卵をうむカエルさんもいるぜ。おいらはどうかって？ 実はおいら、水が好きでタコノキにいるだけなんだよね。

カドバリカブトアマガエル
Triprion petasatus

わしは、5〜7センチぐらいになるゲーゴ。**わしの頭は固いゲーゴ**。雨が少ないとき、穴に入るゲーゴ。それから固い頭でふたをすれば、体がかわかぬわけだゲーゴ。英語では「**シャベルのような鼻面ガエル**」という。たしかにそんな形だなゲーゴ。でもなんで鼻面がシャベルになったのか、それはわしらにもわからぬのだゲーゴ。

ベニモンマダガスカルモリガエル
Boophis rappiodes

あたしは前に出たマダガスカルにいるブーフィスの一族よ。大きさは 3 センチぐらい。木の上で過ごすから、**指先が大きな吸盤になってるわ**。**あたしは体が半透明よ**。ガラスガエルさんたちと似てるね。えものをつかまえるのは夜。昼は植物の間にかくれてる。森を流れる川の近くにすんでいるわ。

この本に出てくるカエル

ページ	和 名	学 名	英語名（意味）	生息地
6	ワライガエル	*Pelophylax ridibundus* (*Rana ridibunda*)	Marsh Frog（沼のカエル）	ヨーロッパ、中東、中央アジア、中国
7	ミドリヒキガエル	*Bufo viridis*	European Green Toad（ヨーロッパの緑のヒキガエル）	ヨーロッパ、北アフリカ、西アジア
8	アジアツノガエル	*Megophrys nasuta*	Asian Horned Frog（アジアの角のあるカエル）	東南アジア
9	スズガエル	*Bombina orientalis*	Oriental Fire Bellied Toad（東洋にすむ炎のお腹をもつヒキガエル）	中国東北部、韓国など
10	アフリカウシガエル	*Pyxicephalus adspersus*	African Bullfrog（アフリカのウシのようなカエル）	アフリカ
11	アジアジムグリガエル	*Kaloula pulchra*	Asian Bullfrog（アジアのウシのようなカエル）	東南アジア
12	フタイロネコメアマガエル	*Phyllomedusa bicolor*	Giant Monkey Frog（大きなサルのようなカエル）	南アメリカ
13	アマガエルのなかま	Family Hylidae	Tree Frog（アマガエル）	※
14	ソバージュネコメアマガエル	*Phyllomedusa sauvagii*	Painted-Belly Leaf Frog（お腹に色がある木の葉のカエル）	南アメリカ
16	ベニモンヤドクガエル	*Oophaga sylvatica* (*Dendrobates histrionicus*)	Pichincha Poison Dart Frog（エクアドル・ピチンチャ州の矢毒ガエル）	南アメリカ
17	ソメワケヤドクガエル	*Dendrobates tinctorius*	Blue Poison Dart Frog（青い矢毒ガエル）	南アメリカ
18	イチゴヤドクガエル	*Dendrobates pumilio*	Strawberry Poison Dart Frog（イチゴ色の矢毒ガエル）	中央アメリカ
19	キイロヤドクガエル	*Phyllobates terribilis*	Golden Poison Dart Frog（金色の矢毒ガエル）	コロンビア
20	トビガエルのなかま	*Rhacophorus bipunctatus*	Twin Spotted Gliding Frog（対の斑点をもつ滑空するカエル）	東南アジア
21	メキシコジムグリガエル	*Rhinophrynus dorsalis*	Mexican Burrowing Frog（メキシコの穴ほりガエル）	メキシコ、中央アメリカ
22, 23	ツノガエルのなかま	*Ceratophrys* sp.	Horned Frog（角のあるカエル）	南アメリカ
24	チャコバゼットガエル	*Lepidobatrachus laevis*	Budgett's Frog（バジェットさんのカエル）	南アメリカ
25	地中海のヨーロッパアマガエル	*Hyla meridionalis*	Stripless Tree Frog（しまのないアマガエル）	スペイン、フランス、北アフリカ
26	ナタージャックヒキガエル	*Epidalea calamita*	Natterjack Toad（おしゃべりジャックのヒキガエル）	スペインからヨーロッパ北部
27	ジョルダンカブトアマガエルのなかま	*Trachycephalus resinifictrix*	Amazon Milk Frog（アマゾンにすむミルクを出すカエル）	南アメリカ
28	ソロモンツノガエル	*Ceratobatrachus guentheri*	Solomon Islands Leaf Frog（ソロモン諸島の木の葉のカエル）	ソロモン諸島
29	アルゴスクサガエル	*Hyperolius argus*	Argus Reed Frog（百目の怪物アルゴスのアシ原にすむカエル）	アフリカ南部東海岸
30	アカメアマガエル	*Agalychnis callidryas*	Red-Eyed Leaf Frog（赤い目の木の葉のカエル）	中央アメリカ
32	ダーウィンハナガエル	*Rhinoderma darwinii*	Darwin's Frog（ダーウィンさんのカエル）	チリ南部
33	ハイイロアマガエル	*Hyla versicolor*	Gray Tree Frog（灰色のアマガエル）	アメリカ合衆国東部、カナダ
34	フクラガエルのなかま	*Breviceps* sp.	Rain Frog（雨のカエル）	南アフリカ
35	ハナメアマガエル	*Microhyla pulchra*	Beautiful Pygmy Frog（きれいでちいちゃなカエル）	中国南部と東南アジア
36	インドネシアキガエル	*Nyctixalus pictus*	Cinnamon Frog（シナモンの色をしたカエル）	インドネシアなど東南アジア
37	ジョルダンカブトアマガエルのなかま	*Trachycephalus nigromaculatus*	Black-Spotted Casque-Headed Tree Frog（カブトをかぶった黒い斑点があるアマガエル）	ブラジル

「※」は生息地がしぼれないもの

ページ	和　名	学　名	英語名（意味）	生息地
38	ガラスガエルのなかま	*Hyalinobatrachium iaspidiense*	Yuruani Glass Frog（ベネズエラのユルアニにいるガラスのカエル）	南アメリカ
39	ガラスガエルのなかま	*Centrolenella ilex*	Ghost Glass Frog（幽霊みたいなガラスのカエル）	中央アメリカから南アメリカ
40	アカカッシナガエル	*Kassina maculata*	Red-Legged Running Frog（足が赤い走るカエル）	アフリカ東部
41	カトリックガエル	*Notaden bennettii*	Holy Cross Toad（十字架があるヒキガエル）	オーストラリア
42	コグチガエルのなかま	*Kalophrynus* sp.	Sticky Frog（べたべたガエル）	中国南部、東南アジア
44	リオネグロガエルのなかま	*Batrachyla antartandica*	Marbled Wood Frog（大理石もようの森のカエル）	チリ南部、アルゼンチン
45	ケンランフリンジアマガエル	*Cruziohyla craspedopus* (*Agalychnis craspedopus*)	Fringed Leaf Frog（ふちどりのある木の葉のカエル）	南アメリカ
46	コケガエル	*Theloderma corticale*	Vietnamese Mossy Frog（ベトナムのコケガエル）	ベトナム
47	トマトガエル	*Dyscophus antongilii*	Tomato Frog（トマトのようなカエル）	マダガスカル
48	イエアメガエル	*Litoria caerulea*	Australian Green Tree Frog（オーストラリアの緑色のアマガエル）	オーストラリア
49	ニシバンジョーヌマチガエル	*Limnodynastes dorsalis*	Western Banjo Frog（楽器バンジョーのような声の西部のカエル）	オーストラリア西部
50	サラヤクガエル	*Dendropsophus sarayacuensis* (*Hyla sarayacuensis*)	Shreve's Sarayacu Tree Frog（シュリーブスさんが見つけたサラヤクのアマガエル）	南アメリカ
51	イタリアのヨーロッパアマガエル	*Hyla intermedia*	Italian Tree Frog（イタリアのアマガエル）	イタリア
52	シロメアマガエル	*Hylomantis lemur* (*Phyllomedusa lemur*)	Lemur Leaf Frog（キツネザルみたいな木の葉のカエル）	中央アメリカ
53	ウォレストビガエル	*Rhacophorus nigropalmatus*	Wallace's Flying Frog（ウォレスさんの飛ぶカエル）	東南アジア
54	マダガスカルモリガエルのなかま	*Boophis doulioti*	Douliot's Tree Frog（ドリオットさんの木の上のカエル）	マダガスカル
56	マダガスカルモリガエルのなかま	*Boophis picturatus*	Bright-Eyed Frog（あざやかな目をしたカエル）	マダガスカル
57	アカユビマダガスカルモリガエル	*Boophis erythrodactylus*	Forest Bright-Eyed Frog（森のあざやかな目をしたカエル）	マダガスカル
58	ニンニクガエル	*Pelobates fuscus*	Common Spadefoot Toad（鋤のような足をもつヒキガエル）	ヨーロッパの東からロシアとウクライナ西部
59	タピチャラカのアマガエル	*Hyla tapichalaca*	Tapichalaca Tree Frog（エクアドルのタピチャラカにいるアマガエル）	エクアドル
60	アンダーソンアマガエル	*Hyla andersonii*	Pine Barrens Tree Frog（松林のアマガエル）	アメリカ合衆国東部
61	セネガルガエルのなかま	*Kassina cochranae*	Cochran's Running Frog（コクランさんの走るカエル）	西アフリカ
62	マダガスカルクサガエル	*Heterixalus madagascariensis*	Madagascan Reed Frog（マダガスカルのアシ原にすむカエル）	マダガスカル
63	マダガスカルクサガエルのなかま	*Heterixalus tricolor*	Tricolor Reed Frog（アシ原の三色カエル）	マダガスカル
64	カドバリカブトアマガエル	*Triprion petasatus*	Yucatan Casque-Headed Tree Frog（メキシコのユカタン半島にすむカブトをかぶったアマガエル）	メキシコ、中央アメリカ
65	ベニモンマダガスカルモリガエル	*Boophis rappiodes*	Central Bright-Eyed Frog（真ん中あざやか目のカエル）	マダガスカル

67

■著者

クリス・アーリー（Chris Earley）

カナダのゲルフ大学で生物学の解説や教育に関わっている。若い人を
自然の世界へいざなう『Caterpillars』『Dragonflies』などの著書がある。

■訳者

北村 雄一（きたむら ゆういち）

サイエンスライター兼イラストレーター。恐竜、進化、系統学、深海
生物などのテーマに関する作品をおもに手がける。日本大学農獣医学
部卒。著書に『深海生物ファイル』（ネコ・パブリッシング）、『ありえ
ない!? 生物進化論』（サイエンス・アイ新書）、『謎の絶滅動物たち』
（大和書房）などがある。『ダーウィン「種の起源」を読む』（化学同人）
で科学ジャーナリスト大賞 2009 を受賞。

けったいな生きもの
はではで カエル

2017 年 12 月 25 日　第 1 刷　発行

訳 者　北村 雄一
発行者　曽根 良介
発行所　（株）化学同人

検印廃止

JCOPY 〈(社)出版者著作権管理機構委託出版物〉

本書の無断複写は著作権法上での例外を除き禁じられて
います．複写される場合は，そのつど事前に，（社）出版者
著作権管理機構（電話 03-3513-6969，FAX 03-3513-
6979，e-mail: info@jcopy.or.jp）の許諾を得てください．

本書のコピー，スキャン，デジタル化などの無断複製は著作
権法上での例外を除き禁じられています．本書を代行業者
などの第三者に依頼してスキャンやデジタル化することは，た
とえ個人や家庭内の利用でも著作権法違反です．

〒600-8074 京都市下京区仏光寺通柳馬場西入ル
編集部 TEL 075-352-3711　FAX 075-352-0371
営業部 TEL 075-352-3373　FAX 075-351-8301
振　替　01010-7-5702
E-mail　webmaster@kagakudojin.co.jp
URL　https://www.kagakudojin.co.jp
印刷・製本 （株）シナノパブリッシングプレス

Printed in Japan ©Yuichi Kitamura 2017 無断転載・複製を禁ず．
乱丁・落丁本は送料小社負担にてお取りかえします．

ISBN978-4-7598-1955-7